項目	学習日 月／日	問題番号＆チェック	メモ	検印
21	／	61　62		
22	／	63　64　65		
23	／	66　67　68		
24	／	69　70　71		
25	／	72　73　74		
26	／	75　76		
27	／	77　78		
28	／	79　80　81　82		
29	／	83　84　85		
30	／	86　87		
31	／	88　89　90		

=== 学習記録表の使い方 ===

●「学習日」の欄には，学習した日付を記入しましょう。

●「問題番号＆チェック」の欄には，以下の基準を参考に，問題番号に○，△，×をつけましょう。

　　　○：正解した，理解できた

　　　△：正解したが自信がない

　　　×：間違えた，よくわからなかった

●「メモ」の欄には，間違えたところや疑問に思ったことなどを書いておきましょう。復習のときは，ここに書いたことに気をつけながら学習しましょう。

●「検印」の欄は，先生の検印欄としてご利用いただけます。

この問題集で学習するみなさんへ

　本書は，教科書「新編数学A」に内容や配列を合わせてつくられた問題集です。教科書と同程度の問題を選んでいるので，本書にある問題を反復練習することによって，基礎力を養い学力の定着をはかることができます。

　学習項目は，教科書の配列をもとに内容を細かく分けています。また，各項目は以下のような見開き2ページで構成されています。

既習事項が復習できる Web アプリを，一部の項目に用意しました。

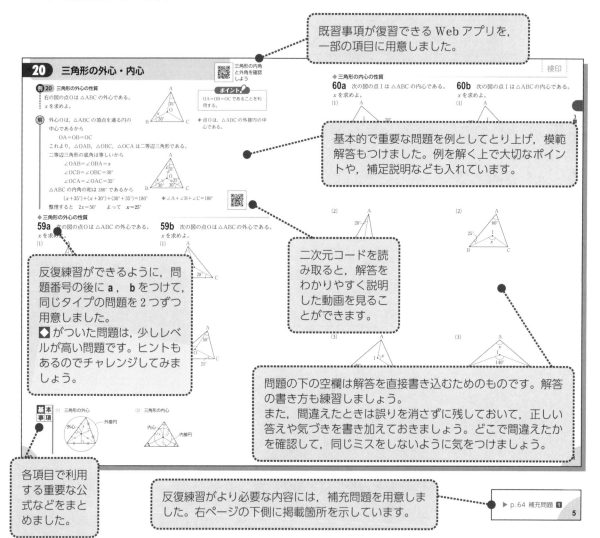

基本的で重要な問題を例としてとり上げ，模範解答もつけました。例を解く上で大切なポイントや，補足説明なども入れています。

反復練習ができるように，問題番号の後に a，b をつけて，同じタイプの問題を2つずつ用意しました。
◆ がついた問題は，少しレベルが高い問題です。ヒントもあるのでチャレンジしてみましょう。

二次元コードを読み取ると，解答をわかりやすく説明した動画を見ることができます。

問題の下の空欄は解答を直接書き込むためのものです。解答の書き方も練習しましょう。
また，間違えたときは誤りを消さずに残しておいて，正しい答えや気づきを書き加えておきましょう。どこで間違えたかを確認して，同じミスをしないように気をつけましょう。

各項目で利用する重要な公式などをまとめました。

反復練習がより必要な内容には，補充問題を用意しました。右ページの下側に掲載箇所を示しています。

▶ p.64 補充問題 ❶

　巻末には略解があるので，自分で答え合わせができます。詳しい解答は別冊で扱っています。

　また，巻頭にある「学習記録表」に学習の結果を記録して，見直しのときに利用しましょう。間違えたところや苦手なところを重点的に学習すれば，効率よく弱点を補うことができます。

◆学習支援サイト「プラスウェブ」のご案内

　本書に掲載した二次元コードのコンテンツをパソコンで見る場合は，以下のURL からアクセスできます。

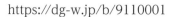

https://dg-w.jp/b/9110001

注意　コンテンツの利用に際しては，一般に，通信料が発生します。
　　　先生や保護者の方の指示にしたがって利用してください。

もくじ _____ contents

問題総数 223題

例 31題， 問題 a，b 各90題，
補充問題 12題

1 集合

例 1 共通部分と和集合，全体集合と補集合

全体集合を $U=\{x \mid x は24の正の約数\}$ とする。
$$A=\{3,\ 4,\ 6\},\qquad B=\{3,\ 6,\ 12,\ 24\}$$
について，次の集合を求めよ。

(1) $A \cap B$　　(2) $A \cup B$　　(3) $\overline{A}$　　(4) $\overline{A \cup B}$

ポイント！

(3)　U の要素であって，A の要素でないものをさがす。
(4)　(2)を利用する。

解 (1) $A \cap B=\{\boldsymbol{3,\ 6}\}$

(2) $A \cup B=\{\boldsymbol{3,\ 4,\ 6,\ 12,\ 24}\}$

(3) $U=\{1,\ 2,\ 3,\ 4,\ 6,\ 8,\ 12,\ 24\}$ であるから
$$\overline{A}=\{\boldsymbol{1,\ 2,\ 8,\ 12,\ 24}\}$$

(4) (2)より　$\overline{A \cup B}=\{\boldsymbol{1,\ 2,\ 8}\}$

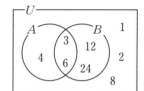

◆ 集合の表し方

1a 次の集合を，要素を書き並べる方法で表せ。

(1) 1桁の正の偶数の集合 A

(2) $B=\{x \mid x は30以下の自然数で6の倍数\}$

1b 次の集合を，要素を書き並べる方法で表せ。

(1) 18の正の約数の集合 A

(2) $B=\{x \mid x は x^2=16 を満たす数\}$

◆ 部分集合

2a 集合 $A=\{2,\ 3,\ 5,\ 6,\ 8,\ 10,\ 12,\ 20\}$ の部分集合を次の集合からすべて選び，記号 $\subset$ を用いて表せ。

$P=\{5,\ 10\}$,
$Q=\{3,\ 6,\ 12,\ 20\}$,
$R=\{3,\ 6,\ 9,\ 12,\ 20\}$

2b 集合 $A=\{x \mid x は36の正の約数\}$ の部分集合を次の集合からすべて選び，記号 $\subset$ を用いて表せ。

$P=\{1,\ 2,\ 3,\ 4,\ 5\}$,
$Q=\{x \mid x は12の正の約数\}$,
$R=\{x \mid x は10以上20以下の4の倍数\}$

基本事項 集合

① 集合を表すには，次の2つの方法がある。
　(ア) { } の中に要素を書き並べる。　　　　　　(イ) { } の中に要素の満たす条件を書く。
② 集合 A の要素がすべて集合 B の要素になっているとき，A は B の部分集合であるといい，$A \subset B$ で表す。
③ 集合 A と B の両方に属する要素の集合を A と B の共通部分といい，$A \cap B$ で表す。
④ 集合 A と B の少なくとも一方に属する要素の集合を A と B の和集合といい，$A \cup B$ で表す。
⑤ 1つの集合 U を考え，その部分集合を A とするとき，U の要素であって A の要素でないものの集合を A の補集合といい，$\overline{A}$ で表す。最初に考えた集合 U を全体集合という。

◆ 共通部分と和集合

3a 次の集合 A, B について，$A \cap B$ と $A \cup B$ を求めよ。

(1) $A = \{3, 4, 7\}$,
   $B = \{1, 2, 3, 4, 5\}$

(2) $A = \{x \mid x$ は 1 桁の正の奇数$\}$,
   $B = \{x \mid x$ は12の正の約数$\}$

3b 次の集合 A, B について，$A \cap B$ と $A \cup B$ を求めよ。

(1) $A = \{2, 4, 12\}$,
   $B = \{3, 6, 8, 10, 15\}$

(2) $A = \{x \mid x$ は20の正の約数$\}$,
   $B = \{x \mid x$ は28の正の約数$\}$

◆ 全体集合と補集合

4a 全体集合を
$U = \{2, 3, 4, 5, 6, 8, 9, 10\}$ とする。
   $A = \{2, 4, 8, 10\}$,
   $B = \{3, 4, 10\}$
について，次の集合を求めよ。

(1) $\overline{A}$

(2) $\overline{B}$

(3) $\overline{A \cap B}$

4b 全体集合
$U = \{x \mid x$ は10以下の自然数$\}$ の部分集合
   $A = \{x \mid x$ は正の偶数$\}$,
   $B = \{x \mid x$ は 3 の正の倍数$\}$
について，次の集合を求めよ。

(1) $\overline{A}$

(2) $\overline{B}$

(3) $\overline{A \cup B}$

例 2 倍数の個数

100以下の自然数のうち，次のような数は何個あるか。

(1) 3の倍数かつ5の倍数　　(2) 3の倍数または5の倍数

(解)　(1) 100以下の自然数のうち，3の倍数の集合をA，5の倍数の集合をBとすると，3の倍数かつ5の倍数の集合は15の倍数の集合で，$A \cap B$で表される。

$$A \cap B = \{15 \cdot 1, \ 15 \cdot 2, \ \cdots\cdots, \ 15 \cdot 6\}$$

であるから，求める数の個数は　$n(A \cap B) = 6$　**答** **6個**

(2) $A = \{3 \cdot 1, \ 3 \cdot 2, \ \cdots\cdots, \ 3 \cdot 33\}$ であるから　$n(A) = 33$

$B = \{5 \cdot 1, \ 5 \cdot 2, \ \cdots\cdots, \ 5 \cdot 20\}$ であるから　$n(B) = 20$

3の倍数または5の倍数の集合は $A \cup B$ で表されるから，求める数の個数は

$$n(A \cup B) = n(A) + n(B) - n(A \cap B) = 33 + 20 - 6 = 47$$　**答** **47個**

図：U 100以下の自然数，A 3の倍数，B 5の倍数，15の倍数

◆**集合の要素の個数**

5a 次の集合の要素の個数を求めよ。

(1) $A = \{2, \ 4, \ 6, \ 8, \ 10, \ 12, \ 14\}$

(2) 100以下の自然数のうちの4の倍数の集合B

5b 次の集合の要素の個数を求めよ。

(1) $A = \{x \mid x \text{ は48の正の約数}\}$

(2) 100以下の自然数のうちの6の倍数の集合B

◆**和集合の要素の個数**

6a 集合A，Bにおいて，$n(A) = 10$，$n(B) = 7$，$n(A \cap B) = 3$のとき，$n(A \cup B)$を求めよ。

6b 集合A，Bにおいて，$n(A) = 12$，$n(B) = 15$，$n(A \cap B) = 8$のとき，$n(A \cup B)$を求めよ。

(1) 和集合の要素の個数

$$n(A \cup B) = n(A) + n(B) - n(A \cap B)$$

とくに，$A \cap B = \varnothing$ のとき

$$n(A \cup B) = n(A) + n(B)$$

(2) 補集合の要素の個数

$$n(\overline{A}) = n(U) - n(A)$$

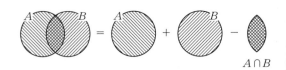

◆ 補集合の要素の個数

7a 1桁の自然数のうち，素数でない数は何個あるか。

7b 50以下の自然数のうち，6で割り切れない数は何個あるか。

◆ 倍数の個数

8a 100以下の自然数のうち，次のような数は何個あるか。

(1) 5の倍数かつ7の倍数

8b 200以下の自然数のうち，次のような数は何個あるか。

(1) 4の倍数かつ6の倍数

(2) 5の倍数または7の倍数

(2) 4の倍数または6の倍数

▶ p.64 補充問題 **1**

例 3 和の法則

大, 小 2 個のさいころを同時に投げるとき, 目の和が 4 または 7 になる場合は何通りあるか。

ポイント!

目の和が 4 の場合と 7 の場合に分けて考え, 和の法則を利用する。

(解) 目の和が 4 になる場合は 3 通りあり, 目の和が 7 になる場合は 6 通りある。

目の和が 4 になる場合と 7 になる場合が同時に起こることはない。

よって, 求める場合の総数は

$$3+6=9$$

答 9通り

←目の和が 4

大	1	2	3
小	3	2	1

目の和が 7

大	1	2	3	4	5	6
小	6	5	4	3	2	1

◆ 樹形図

9a 大, 中, 小 3 個のさいころを同時に投げるとき, 目の和が 7 になる場合は何通りあるか, 樹形図を用いて求めよ。

9b 100円, 50円, 10円の硬貨がたくさんある。この 3 種類の硬貨を使って, 250円支払う方法は何通りあるか, 樹形図を用いて求めよ。ただし, 使わない硬貨があってもよいとする。

基本事項 和の法則

同時に起こらない 2 つの事柄A, Bがあるとする。

Aの起こり方が a 通り, Bの起こり方が b 通りあるとき, AまたはBの起こる場合の数は $a+b$ 通り

和の法則は, 3 つ以上の事柄についても成り立つ。

◆ 和の法則

10a 大，小 2 個のさいころを同時に投げるとき，次の場合は何通りあるか。

(1) 目の和が 3 または 7

(2) 目の和が 6 の倍数

(3) 目の和が 10 以上

10b 大，小 2 個のさいころを同時に投げるとき，次の場合は何通りあるか。

(1) 目の和が 4 または 9

(2) 目の積が 2 以下

(3) 目の和が 8 の正の約数

例 **4** 積の法則

4種類のブラウスと3種類のスカートから，1種類ずつ選んで着るとき，着方は何通りあるか。

ポイント！

積の法則を利用する。

解 ブラウスの選び方は4通りあり，どのブラウスに対してもスカートの選び方は3通りずつある。

よって，求める着方の総数は

$$4 \times 3 = 12$$

← Aという1枚のブラウスに対して，3種類のスカートを選ぶことができる。

答 12通り

◆ 積の法則

11a 次の場合は何通りあるか。

(1) 6種類のケーキと4種類の飲み物から，それぞれ1種類ずつ選ぶ方法

(2) A町からB町への道は3本あり，B町からC町への道は4本あるとき，A町からB町を通ってC町へ行く方法

11b 次の場合は何通りあるか。

(1) 国語の参考書が3種類，数学の参考書が5種類あるとき，それぞれ1冊ずつ選ぶ方法

(2) 大，小2個のさいころを同時に投げるときの目の出方

基本事項 積の法則

2つの事柄A，Bがあって，Aの起こり方が a 通りあり，そのそれぞれに対してBの起こり方が b 通りずつあるとき，A，Bがともに起こる場合の数は $a \times b$ 通り

積の法則は，3つ以上の事柄についても成り立つ。

◆積の法則（3つ以上の事柄）

12a くつが4種類，ぼうしが2種類，ベルトが3種類ある。それぞれ1種類ずつ選んで着るとき，着方は何通りあるか。

12b 大，中，小3個のさいころを同時に投げるとき，目の積が奇数になる場合は何通りあるか。

◆約数の個数

13a 次の数について，正の約数は何個あるか。

(1) 56

13b 次の数について，正の約数は何個あるか。

(1) 135

(2) 112

(2) 216

例 5 順列

(1) 次の値を求めよ。

　　① $_9P_3$　　　　　　　② $4!$

(2) 12人の中から委員長，副委員長，書記の3人を選ぶ方法は何通りあるか。

(2) 3人を選んで1列に並べ，並んだ順に役職を決めると考える。

解 (1) ① $_9P_3 = 9 \cdot 8 \cdot 7 = 504$

　　② $4! = 4 \cdot 3 \cdot 2 \cdot 1 = 24$

(2) 12個から3個取る順列であるから

　　$_{12}P_3 = 12 \cdot 11 \cdot 10 = 1320$

← 9 から始まる

$$_9P_3 = \underbrace{9 \cdot 8 \cdot 7}_{3\text{個の数の積}}$$

答　　1320通り

◆ $_nP_r$ の計算

14a 次の値を求めよ。

(1) $_4P_3$

(2) $_9P_2$

(3) $_{12}P_1$

(4) $_5P_2 \times _3P_2$

14b 次の値を求めよ。

(1) $_6P_4$

(2) $_{10}P_3$

(3) $_3P_3$

(4) $_8P_2 \times _3P_1$

基本事項

(1) **順列の総数**

異なる n 個のものから異なる r 個のものを取り出して1列に並べたものを，n 個から r 個取る順列といい，その総数を $_nP_r$ で表す。

$$_nP_r = \underbrace{n(n-1)(n-2)\cdots\cdots(n-r+1)}_{r\text{個の積}} \quad (\text{ただし} \quad n \geq r)$$

(2) **階乗**

1から n までの自然数の積を n の階乗といい，$n!$ で表す。

$$n! = n(n-1)(n-2)\cdots\cdots 3 \cdot 2 \cdot 1$$

◆ 順列

15a 部員11人のクラブで，部長，副部長，会計の3人を選ぶ方法は何通りあるか。

15b 陸上部に7人の選手がいる。走る順番を考えて，4人のリレー走者を選ぶ方法は何通りあるか。

◆ 階乗の計算

16a 次の値を求めよ。

(1) $5! \times 2!$

(2) $\dfrac{5!}{3!}$

16b 次の値を求めよ。

(1) $3! \times 4!$

(2) $\dfrac{6!}{8!}$

◆ すべてのものを並べる順列

17a 国語，社会，数学，理科，英語の試験がある。試験をする順番の決め方は何通りあるか。

17b さいころを6回続けて投げたとき，1から6の目が1回ずつ出た。このような目の出方は何通りあるか。

▶ p.65 補充問題 **2**，**3**

例 **6**　隣り合う順列，両端にくる順列

おとな4人と子ども2人が1列に並ぶとき，次のような並び方は何通りあるか。

(1)　子どもが隣り合う。　　(2)　おとなが両端にくる。

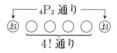

(1)　隣り合う子ども2人をまとめて1組と考える。

(2)　まず，両端にくるおとなの並び方を考える。

解　(1)　子ども2人をひとまとめにして考えると，おとな4人と子ども1組の並び方は5!通り。

また，ひとまとめにした子ども2人の並び方は2!通り。

よって，求める並び方の総数は，積の法則により

$$5! \times 2! = 120 \times 2 = 240$$

答　240通り

(2)　両端のおとな2人の並び方は $_4\mathrm{P}_2$ 通り。

また，残り4人の並び方は4!通り。

よって，求める並び方の総数は，積の法則により

$$_4\mathrm{P}_2 \times 4! = 12 \times 24 = 288$$

答　288通り

◆ **数字を並べてできる整数**

18a　5個の数字1，2，3，4，5の中から異なる4個を並べてできる次のような数は何個あるか。

(1)　4桁の整数

(2)　4桁の偶数

(3)　4桁の5の倍数

18b　7個の数字1，2，3，4，5，6，7の中から異なる3個を並べてできる次のような数は何個あるか。

(1)　3桁の整数

(2)　3桁の奇数

(3)　3桁の5の倍数

19a A，B，C，D，E，Fの6枚のカードを1列に並べるとき，次のような並べ方は何通りあるか。

(1) A，Bが隣り合う。

19b 1年生2人と2年生5人が1列に並ぶとき，次のような並び方は何通りあるか。

(1) 1年生が隣り合う。

(2) A，Bが両端にくる。

(2) 2年生が両端にくる。

例 7 重複順列，円順列

(1) 数字 1, 2, 3, 4, 5 をくり返し用いてもよいとき，3 桁の整数は何個できるか。

(2) おとな 2 人と子ども 3 人が円形に座る方法は何通りあるか。

ポイント！

(1) 同じ数字をくり返し使えるから，重複順列になる。

(2) 円形に並ぶときは円順列になる。

解 (1) 各位の数字は，それぞれ 1, 2, 3, 4, 5 の 5 通りの選び方があるから $5^3 = 125$

答 125個

(2) 5 人の円順列と考えられるから $(5-1)! = 4! = 24$

答 24通り

$\leftarrow$ 百の位　十の位　一の位
　　　↑　　　↑　　　↑
（5通り）（5通り）（5通り）

◆ **重複順列**

20a 次の問いに答えよ。

(1) 数字 1, 2, 3 をくり返し用いてもよいとき，4 桁の整数は何個できるか。

(2) 大，中，小 3 個のさいころを同時に投げるとき，目の出方は何通りあるか。

20b 次の問いに答えよ。

(1) 文字 a, b をくり返し用いてもよいとき，5 個の文字を 1 列に並べる方法は何通りあるか。

(2) 5 人でじゃんけんをするとき，5 人のグー，チョキ，パーの出し方は何通りあるか。

 基本事項

(1) **重複順列の総数**

n 種類のものから r 個取る重複順列の総数は $\underbrace{n \times n \times \cdots\cdots \times n}_{r \text{個の積}} = n^r$

(2) **円順列の総数**

異なる n 個のものの円順列の総数は $\dfrac{{}_n\mathrm{P}_n}{n} = (n-1)!$

◆重複順列

21a 6人の生徒をA，Bの2つの部屋に入れる方法は何通りあるか。ただし，全員を1つの部屋に入れてもよいものとする。

21b 異なる5個の玉をA，B，Cの3つの箱に入れる方法は何通りあるか。ただし，空の箱があってもよいものとする。

◆円順列

22a 次の問いに答えよ。

(1) 7人が円形に座る方法は何通りあるか。

22b 次の問いに答えよ。

(1) 異なる9個の玉を円形に並べるとき，並べ方は何通りあるか。

(2) 男子4人と女子4人が手をつないで輪を作るとき，輪の作り方は何通りあるか。

(2) 下の図のような4等分した円板を，異なる4色で塗り分ける方法は何通りあるか。

例 8 組合せ

(1) 次の値を求めよ。

    ① $_8C_3$ ② $_9C_7$

(2) A, B, C, D, E, F の 6 冊の本から 3 冊選ぶ方法は何通りあるか。

解 (1) ① $_8C_3 = \dfrac{8 \cdot 7 \cdot 6}{3 \cdot 2 \cdot 1} = 56$

    ② $_9C_7 = {}_9C_2 = \dfrac{9 \cdot 8}{2 \cdot 1} = 36$

(2) 6 個から 3 個取る組合せであるから

    $_6C_3 = \dfrac{6 \cdot 5 \cdot 4}{3 \cdot 2 \cdot 1} = 20$

    $\leftarrow {}_8C_3 = \dfrac{\overset{\lceil 3個\rceil}{8 \cdot 7 \cdot 6}}{\underset{\lfloor 3個\rfloor}{3 \cdot 2 \cdot 1}}$

    $\leftarrow {}_9C_7 = {}_9C_{9-7}$

答 20通り

◆ $_nC_r$ の計算

23a 次の値を求めよ。

(1) $_{10}C_2$

(2) $_8C_4$

(3) $_5C_1$

(4) $_5C_2 \times {}_4C_2$

23b 次の値を求めよ。

(1) $_{12}C_3$

(2) $_9C_4$

(3) $_{10}C_{10}$

(4) $\dfrac{_7C_3}{_9C_3}$

基本事項 組合せの総数

異なる n 個のものから異なる r 個を取り出して 1 組としたものを，n 個から r 個取る組合せといい，その総数を $_nC_r$ で表す。

$$_nC_r = \dfrac{_nP_r}{r!} = \dfrac{n(n-1)(n-2)\cdots\cdots(n-r+1)}{r(r-1)(r-2)\cdots\cdots 2 \cdot 1} \quad \begin{matrix} \longleftarrow \boldsymbol{n} \text{から始まる} \boldsymbol{r} \text{個の積} \\ \longleftarrow \boldsymbol{r} \text{から始まる} \boldsymbol{r} \text{個の積} \end{matrix}$$

ただし，$_nC_0 = 1$ と定める。

また，$_nC_r = {}_nC_{n-r}$ が成り立つ。

◆ $_nC_r = _nC_{n-r}$ の利用

24a 次の値を求めよ。

(1) $_8C_5$

(2) $_{12}C_{10}$

(3) $_{100}C_{99}$

24b 次の値を求めよ。

(1) $_{11}C_9$

(2) $_{15}C_{14}$

(3) $_3C_0$

◆ 組合せ

25a 次の問いに答えよ。

(1) 10人の中から3人の委員を選ぶ方法は何通りあるか。

(2) 12人の中から5人を選んでバスケットボールのチームを作りたい。チームの作り方は何通りあるか。

25b 次の問いに答えよ。

(1) 異なる7個の文字から5個の文字を選ぶ方法は何通りあるか。

(2) サッカーのチームが6チームある。各チームが，他のどのチームとも1度ずつ試合を行うとき，全部で何試合になるか。

▶ p.66 補充問題 4, 5

例 9 組合せと積の法則の利用

A組 8 人，B組 6 人の中から，それぞれ 2 人の委員を選ぶ方法は何通りあるか。

ポイント!

A組，B組それぞれの選び方を考えて，積の法則を利用する。

(解) A組 8 人から 2 人の委員を選ぶ方法は $_8C_2$ 通り。

また，B組 6 人から 2 人の委員を選ぶ方法は $_6C_2$ 通り。

よって，求める選び方の総数は，積の法則により

$$_8C_2 \times {}_6C_2 = \frac{8 \cdot 7}{2 \cdot 1} \times \frac{6 \cdot 5}{2 \cdot 1} = 420$$

答 420通り

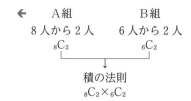

◆ 図形に関する問題

26a 下の図のように，円周上にある 8 個の点のうち，3 個の点を結んでできる三角形は何個あるか。

26b 正十角形 ABCDEFGHIJ の頂点のうちの 4 個を結んでできる四角形は何個あるか。

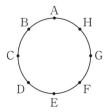

◆ 組合せと積の法則の利用

27a 1 年生10人，2 年生 7 人の中から，1 年生 3 人，2 年生 2 人の委員を選ぶ方法は何通りあるか。

27b 4 種類のケーキと 6 種類のジュースの中から，ケーキ 2 種類とジュース 3 種類を選ぶ方法は何通りあるか。

◆ 組合せと積の法則の利用

28a　1から9までの数字が書かれた9枚のカードの中から，4枚を選ぶとき，奇数がちょうど2枚となる選び方は何通りあるか。

28b　1から10までの数字が書かれた10枚のカードの中から，5枚を選ぶとき，偶数がちょうど3枚となる選び方は何通りあるか。

◆ 組分け

29a　6人を次のように分ける方法は何通りあるか。

(1)　A，Bの2つの組に3人ずつ分ける。

29b　8人を次のように分ける方法は何通りあるか。

(1)　A, B, C, Dの4つの組に2人ずつ分ける。

(2)　3人ずつの2つの組に分ける。

(2)　2人ずつの4つの組に分ける。

10　組合せの利用(2)

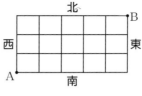

例 10　最短の道順

右の図のように，南北に 6 本，東西に 4 本の道がある。

A から B へ行く最短の道順は何通りあるか。

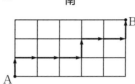

ポイント!

最短の道順の総数は，記号でおきかえて考える。

解　北に 1 区画進むことを記号↑，東に 1 区画進むことを記号→で表す。

A から B まで行く最短の道順は，

　　↑を 3 個，→を 5 個

並べる順列で表すことができる。

よって，求める道順の総数は

$$\frac{8!}{3!5!} = \frac{8 \cdot 7 \cdot 6 \cdot 5 \cdot 4 \cdot 3 \cdot 2 \cdot 1}{3 \cdot 2 \cdot 1 \times 5 \cdot 4 \cdot 3 \cdot 2 \cdot 1} = 56$$

← この図の道順は

↑→→↑→→↑

で表される。

← 8 区画の中から北へ進む 3 区画を選べば，1 つの道順が決まるから，$_8C_3$ と考えてもよい。

8 区画

答　56通り

◆ 同じものを含む順列

30a　次の問いに答えよ。

(1)　a，a，a，b，b，b，b の 7 文字をすべて用いると，文字列は何個作れるか。

(2)　9 個の数字 1，1，2，2，3，3，3，3，3 をすべて用いると，9 桁の整数は何個できるか。

30b　次の問いに答えよ。

(1)　6 個の数字 1，1，1，2，2，3 をすべて用いると，6 桁の整数は何個できるか。

(2)　赤玉 2 個，白玉 4 個，青玉 4 個を 1 列に並べる方法は何通りあるか。

　同じものを含む順列の総数

n 個のもののうち，同じものがそれぞれ p 個，q 個，r 個あるとき，これらのすべてを 1 列に並べる順列の総数は

$$\frac{n!}{p!q!r!}$$　　　ただし　$p+q+r=n$

◆道順の数

31a 右の図のような道がある。次の場合の最短の道順は何通りあるか。

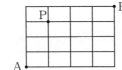

(1) AからBへ行く。

(2) AからPへ行く。

(3) AからPを通ってBへ行く。

31b 右の図のような道がある。次の場合の最短の道順は何通りあるか。

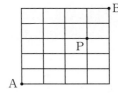

(1) AからBへ行く。

(2) AからPへ行く。

(3) AからPを通ってBへ行く。

ヒント **31** (3) AからPまでの道順とPからBまでの道順をそれぞれ求める。

例11 事象の確率

大，小 2 個のさいころを同時に投げるとき，目の差が 4 になる確率を求めよ。

(解) すべての目の出方は，積の法則により

$$6 \times 6 = 36 \text{ (通り)}$$

あり，これらは同様に確からしい。

このうち，目の差が 4 になるのは 4 通り。

よって，求める確率は

$$\frac{4}{36} = \frac{1}{9}$$

←目の差が 4

大	1	2	5	6
小	5	6	1	2

←約分する。

◆ **試行と事象**

32a 1 枚の硬貨を 3 回投げる。表が出ることをH，裏が出ることをTで表し，たとえば，表，表，裏の順に出ることを，(H，H，T)と表すことにする。このとき，次の事象を集合で表せ。

(1) 全事象 U

32b 3 人兄弟がじゃんけんをする。たとえば，長男がグー，次男がチョキ，三男がパーを出すことを，(グ，チ，パ)と表すことにする。このとき，次の事象を集合で表せ。

(1) 長男だけが勝つ事象 A

(2) あいこになる事象 B

(2) 裏が 1 回だけ出る事象 A

事象の確率

$$P(A) = \frac{\text{事象 } A \text{ が起こる場合の数}}{\text{起こり得るすべての場合の数}} = \frac{n(A)}{n(U)}$$

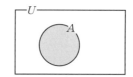

◆ 事象の確率

33a 1から7までの番号が書かれた7枚のカードから1枚を引くとき、番号が奇数となる確率を求めよ。

33b 赤玉2個、白玉3個、青玉1個が入っている袋から1個の玉を取り出すとき、白玉である確率を求めよ。

◆ 事象の確率

34a 大、小2個のさいころを同時に投げるとき、次の確率を求めよ。
(1) 目の和が5になる確率

34b 大、小2個のさいころを同時に投げるとき、次の確率を求めよ。
(1) 目の和が9になる確率

(2) 2個とも3以上になる確率

(2) 目の和が10以上になる確率

▶ p.67 補充問題 **6**

例 12 組合せを利用する確率

白玉 4 個と赤玉 6 個が入っている袋から，同時に 3 個取り出す
とき，次の確率を求めよ。

(1) 3 個とも白玉である確率

(2) 白玉 2 個，赤玉 1 個である確率

ポイント!

10個の玉を区別し，組合せの考
え方を利用して場合の数を求め
る。

解 (1) 10個の玉から 3 個を取り出す方法は全部で $_{10}C_3$ 通りあり，
これらは同様に確からしい。

このうち，3 個とも白玉となる取り出し方は $_4C_3$ 通り。

よって，求める確率は

$$\frac{_4C_3}{_{10}C_3} = \frac{4}{120} = \frac{1}{30}$$

(2) 白玉 2 個，赤玉 1 個の取り出し方は $_4C_2 \times _6C_1$ 通り。

よって，求める確率は

$$\frac{_4C_2 \times _6C_1}{_{10}C_3} = \frac{6 \times 6}{120} = \frac{3}{10}$$

← 4 個の白玉から 2 個取り出すの
は $_4C_2$ 通り。
6 個の赤玉から 1 個取り出すの
は $_6C_1$ 通り。

◆ 組合せを利用する確率

35a 赤玉 4 個と白玉 3 個が入っている袋
から，同時に 3 個取り出すとき，3 個とも赤
玉である確率を求めよ。

35b 3 本の当たりくじを含む12本のくじ
がある。この中から同時に 4 本引くとき，4
本ともはずれる確率を求めよ。

◆ 組合せを利用する確率

36a 赤玉5個と白玉4個が入っている袋から，同時に4個取り出すとき，赤玉2個，白玉2個である確率を求めよ。

36b A組3人とB組4人の中から，3人の委員をくじ引きで選ぶとき，A組1人，B組2人である確率を求めよ。

◆ 順列を利用する確率

37a おとな2人と子ども4人がくじ引きで順番を決め，横1列に並ぶとき，おとなが隣り合う確率を求めよ。

37b 1年生3人と2年生2人がくじ引きで順番を決め，横1列に並ぶとき，1年生が両端にくる確率を求めよ。

ヒント **37** 順列の考え方を利用して，場合の数を求める。

▶ p.67 補充問題 **7**

例 13 和事象の確率

次の確率を求めよ。

(1) 赤玉 7 個と白玉 3 個が入っている袋から，同時に 2 個の玉を取り出すとき，それらが同じ色である確率

(2) ジョーカーを除く52枚のトランプから 1 枚を引くとき，その 1 枚がダイヤまたはキングである確率

ポイント!

(1) 取り出した玉が同じ色になるのは，赤玉 2 個のときと白玉 2 個のときで，この 2 つの事象は互いに排反である。

(2) ダイヤを引く事象とキングを引く事象は互いに排反ではないから，積事象を考慮する。

解 (1) 2 個とも赤玉である事象を A，2 個とも白玉である事象を B とすると，求める確率は $P(A \cup B)$ である。

ここで $P(A) = \dfrac{{}_7C_2}{{}_{10}C_2} = \dfrac{21}{45}$，$P(B) = \dfrac{{}_3C_2}{{}_{10}C_2} = \dfrac{3}{45}$

また，A と B は互いに排反であるから，求める確率は

$$P(A \cup B) = P(A) + P(B) = \dfrac{21}{45} + \dfrac{3}{45} = \dfrac{24}{45} = \boldsymbol{\dfrac{8}{15}}$$

← 確率の和を求める場合，途中で約分しない方が計算しやすくなることがある。

(2) ダイヤである事象を A，キングである事象を B とすると

$$P(A) = \dfrac{13}{52}, \quad P(B) = \dfrac{4}{52}, \quad P(A \cap B) = \dfrac{1}{52}$$

よって，求める確率 $P(A \cup B)$ は

$$P(A \cup B) = P(A) + P(B) - P(A \cap B)$$
$$= \dfrac{13}{52} + \dfrac{4}{52} - \dfrac{1}{52} = \dfrac{16}{52} = \boldsymbol{\dfrac{4}{13}}$$

← ダイヤのカードは13枚，キングのカードは 4 枚。また，$A \cap B$ はダイヤのキングという事象である。

◆ **排反事象**

38a 赤玉 2 個と白玉 2 個が入っている袋から，同時に 2 個の玉を取り出すとき，2 個とも赤玉である事象を A，2 個とも白玉である事象を B，少なくとも 1 個は赤玉である事象を C とする。次のうち，互いに排反であるものをすべて答えよ。

A と B，　A と C，　B と C

38b 1 から30までの番号が書かれた30枚のカードから 1 枚を引くとき，番号が，4 の倍数である事象を A，5 の倍数である事象を B，7 の倍数である事象を C とする。次のうち，互いに排反であるものをすべて答えよ。

A と B，　A と C，　B と C

基本事項

(1) 確率の基本的な性質
　① どのような事象 A に対しても　$0 \leq P(A) \leq 1$
　② 全事象 U について　$P(U) = 1$　③ 空事象 $\varnothing$ について　$P(\varnothing) = 0$

(2) 確率の加法定理
　事象 A と B が互いに排反であるとき　$P(A \cup B) = P(A) + P(B)$

(3) 一般の和事象の確率
　$P(A \cup B) = P(A) + P(B) - P(A \cap B)$

◆ 排反事象の確率

39a 赤玉 3 個と白玉 4 個が入っている袋から，同時に 2 個の玉を取り出すとき，それらが同じ色である確率を求めよ。

39b A組 5 人と B組 3 人の中から，2 人の委員をくじ引きで選ぶとき，2 人とも A組または 2 人とも B組である確率を求めよ。

◆ 一般の和事象の確率

40a 1 から20までの番号が書かれた20枚のカードから，1 枚を引くとき，番号が 3 の倍数または 5 の倍数である確率を求めよ。

40b 1 から30までの番号が書かれた30枚のカードから，1 枚を引くとき，番号が 4 の倍数または 5 の倍数である確率を求めよ。

14

例 14　余事象の確率

　3枚の硬貨を同時に投げるとき，少なくとも1枚は表が出る確率を求めよ。

(解)　「3枚とも裏が出る」事象をAとすると，「少なくとも1枚は表が出る」事象は，Aの余事象 $\overline{A}$ である。

$P(A)=\dfrac{1}{2^3}=\dfrac{1}{8}$ であるから，求める確率は

$$P(\overline{A})=1-P(A)=1-\dfrac{1}{8}=\dfrac{7}{8}$$

> **ポイント！**
>
> 「少なくとも1枚は表」は，「1枚以上が表」のこと。その余事象は，「表が1枚より少ない」すなわち「表が0枚（3枚とも裏）」である。

```
┌─ U ─────────────────────────┐
│                 少なくとも1枚  │
│      A          は表が出る     │
│   ╭──────╮                   │
│   │3枚とも│        ‾A         │
│   │裏が出る│                  │
│   ╰──────╯                   │
└─────────────────────────────┘
```

◆ 余事象

41a　次の□を適当にうめよ。

(1)　2個のさいころを同時に投げる試行において，「異なる目が出る」事象の余事象は，「　　　　　　　　が出る」事象である。

(2)　2枚の硬貨を同時に投げる試行において，「2枚とも裏が出る」事象の余事象は，「少なくとも　　　　　　が出る」事象である。

41b　次の□を適当にうめよ。

(1)　2個のさいころを同時に投げる試行において，「目の積が偶数である」事象の余事象は，「目の積が　　　　　　である」事象である。

(2)　3本の当たりくじを含む10本のくじを2本同時に引く試行において，「少なくとも1本は当たる」事象の余事象は，「　　　　　　はずれる」事象である。

◆ 余事象の確率

42a　1から20までの番号が書かれた20枚のカードから，1枚を引くとき，4の倍数でないカードを引く確率を求めよ。

42b　1から100までの番号が書かれた100枚のカードから，1枚を引くとき，6で割り切れないカードを引く確率を求めよ。

43a 次の確率を求めよ。

(1) 2枚の硬貨を同時に投げるとき，少なくとも1枚は裏が出る確率

(2) 赤玉3個，白玉4個が入っている袋から，同時に2個の玉を取り出すとき，少なくとも1個は赤玉である確率

43b 次の確率を求めよ。

(1) 3個のさいころを同時に投げるとき，少なくとも1個は奇数の目が出る確率

(2) 4本の当たりくじを含む12本のくじがある。この中から3本を同時に引くとき，少なくとも1本当たる確率

15 独立な試行の確率，反復試行の確率

例 15　反復試行の確率

サッカー部の選手aは，1回のシュートで成功する確率が $\dfrac{2}{3}$ である。次の確率を求めよ。

(1)　5回シュートして4回だけ成功する確率

(2)　5回シュートして4回以上成功する確率

ポイント!

(2)　4回成功する場合と5回成功する場合があり，これらは互いに排反である。

解　(1)　1回のシュートで失敗する確率は　$1-\dfrac{2}{3}=\dfrac{1}{3}$ であるから，

求める確率は

$$_5\mathrm{C}_4\left(\dfrac{2}{3}\right)^4\left(\dfrac{1}{3}\right)^{5-4}=5\times\left(\dfrac{2}{3}\right)^4\left(\dfrac{1}{3}\right)^1=\dfrac{\mathbf{80}}{\mathbf{243}}$$

(2)　5回シュートして，4回成功する確率は，(1)より　$\dfrac{80}{243}$

5回成功する確率は　$_5\mathrm{C}_5\left(\dfrac{2}{3}\right)^5=\left(\dfrac{2}{3}\right)^5=\dfrac{32}{243}$

よって，求める確率は，加法定理により

$$\dfrac{80}{243}+\dfrac{32}{243}=\dfrac{\mathbf{112}}{\mathbf{243}}$$

← 事象AとBが互いに排反であるとき
$$P(A\cup B)=P(A)+P(B)$$

◆ 独立な試行の確率

44a　赤玉3個と白玉2個が入っている袋Aと，赤玉5個と白玉1個が入っている袋Bがある。袋Aと袋Bの中から1個ずつ玉を取り出すとき，2個とも赤玉が出る確率を求めよ。

44b　サッカー部のa，bの2人の選手は，ペナルティーキックの成功率がそれぞれ $\dfrac{7}{8}$，$\dfrac{3}{5}$ である。2人が1回ずつペナルティーキックをするとき，aが成功し，bが失敗する確率を求めよ。

基本事項　(1)　独立な試行の確率

2つの試行 T_1 と T_2 が独立であるとき，T_1 で事象Aが起こり，T_2 で事象Bが起こる確率は
$$P(A)\times P(B)$$

(2)　反復試行の確率

1回の試行で事象Aが起こる確率をpとする。

この試行をn回くり返すとき，事象Aがr回だけ起こる確率は　$_n\mathrm{C}_r\,p^r(1-p)^{n-r}$

◆ 反復試行の確率

45a 1個のさいころを4回投げるとき，6の目が3回だけ出る確率を求めよ。

45b 1枚の硬貨を6回投げるとき，表が2回だけ出る確率を求めよ。

◆ ～回以上，以下の確率

46a 赤玉4個と白玉2個が入っている袋から，玉を1個取り出し，色を確認して袋に戻す試行を5回くり返す。このとき，赤玉を4回以上取り出す確率を求めよ。

46b 野球部の選手aは，1回の打席でヒットを打つ確率が $\frac{1}{3}$ である。a が4回打席に入るとき，ヒットが1本以下の確率を求めよ。

例 16 確率の乗法定理

1から9までの番号が書かれた9枚のカードを，a，bの2人が引く。最初にaが1枚引き，それをもとに戻さないで，次にbが1枚引く。このとき，ともに偶数のカードを引く確率を求めよ。

ポイント！

bについては条件つき確率と考え，確率の乗法定理を利用する。

(解) aが偶数のカードを引く事象をA，bが偶数のカードを引く事象をBとすると $P(A)=\dfrac{4}{9}$， $P_A(B)=\dfrac{3}{8}$

よって，求める確率$P(A\cap B)$は乗法定理により

$$P(A\cap B)=P(A)\times P_A(B)=\dfrac{4}{9}\times\dfrac{3}{8}=\dfrac{1}{6}$$

← 偶数のカードは，2，4，6，8の4枚ある。
aが偶数のカードを引いたとき，残りの偶数のカードは全部で$(4-1)$枚ある。

◆ 条件つき確率

47a 赤玉3個と白玉4個が入っている袋がある。赤玉には1，2，3の番号が，白玉には4，5，6，7の番号が書いてある。この袋から1個の玉を取り出すとき，次の確率を求めよ。

(1) 取り出した玉が赤玉であることがわかったとき，それが偶数である確率

(2) 取り出した玉が偶数であることがわかったとき，それが赤玉である確率

47b 1から20までの番号が書かれた20枚のカードから，1枚を引くとき，次の確率を求めよ。

(1) 引いたカードが奇数であるとわかったとき，そのカードが3の倍数である確率

(2) 引いたカードが3の倍数であるとわかったとき，そのカードが奇数である確率

基本事項

(1) 条件つき確率
事象Aが起こったときに事象Bが起こる確率を，Aが起こったときのBが起こる条件つき確率といい，$P_A(B)$で表す。

$$P_A(B)=\dfrac{n(A\cap B)}{n(A)}$$

(2) 確率の乗法定理
$$P(A\cap B)=P(A)\times P_A(B)$$

◆ 確率の乗法定理

48a 赤玉 4 個と白玉 2 個が入っている袋から，最初に a が 1 個取り出し，それをもとに戻さないで，次に b が 1 個取り出す。このとき，2 人とも赤玉を取り出す確率を求めよ。

48b 3 本の当たりくじを含む 12 本のくじを，a，b の 2 人が引く。最初に a が 1 本引き，それをもとに戻さないで，次に b が 1 本引く。このとき，a が当たり，b がはずれる確率を求めよ。

◆ 確率の乗法定理（加法定理の利用）

49a 4 本の当たりくじを含む 10 本のくじを，a，b の 2 人が引く。最初に a が 1 本引き，それをもとに戻さないで，次に b が 1 本引く。このとき，次の確率を求めよ。

(1) a が当たる確率

(2) b が当たる確率

49b 3 本の当たりくじを含む 10 本のくじを，a，b の 2 人が引く。最初に a が 1 本引き，それをもとに戻さないで，次に b が 1 本引く。次の確率を求めよ。

(1) a が当たる確率

(2) a，b のいずれか 1 人だけが当たる確率

ヒント 49 a (2) 「a も b も当たる」場合と「a がはずれ b が当たる」場合に分けて考える。
b (2) 「a が当たり b がはずれる」場合と「a がはずれ b が当たる」場合に分けて考える。

例 17 期待値

赤玉 4 個と白玉 3 個が入っている袋から 2 個の玉を同時に取り出す。このとき，赤玉が出る個数の期待値を求めよ。

ポイント!
赤玉の個数とそれぞれの確率についてまとめた表を作る。

解 赤玉が出る個数は，0 個，1 個，2 個のいずれかである。
それぞれの事象が起こる確率は次の通りである。

$$\frac{{}_3C_2}{{}_7C_2}=\frac{3}{21}, \quad \frac{{}_4C_1\times{}_3C_1}{{}_7C_2}=\frac{12}{21}, \quad \frac{{}_4C_2}{{}_7C_2}=\frac{6}{21}$$

よって，求める期待値は

$$0\times\frac{3}{21}+1\times\frac{12}{21}+2\times\frac{6}{21}=\frac{8}{7} \quad (個)$$

赤玉の数	0	1	2	計
確率	$\frac{3}{21}$	$\frac{12}{21}$	$\frac{6}{21}$	1

◆ 期待値

50a 総数 200 本のくじに，右のような賞金がついている。このくじを 1 本引いて得られる賞金の期待値を求めよ。

	賞金	本数
1 等	10000円	5 本
2 等	5000円	10 本
3 等	1000円	20 本
4 等	500円	50 本
はずれ	0円	115 本
計		200 本

賞金	10000円	5000円	1000円	500円	0円	計
確率						1

50b さいころを 1 回投げて，1 の目が出たら100円，2 か 3 の目が出たら70円，それ以外の目が出たら10円もらえるものとする。さいころを 1 回投げるとき，受け取る金額の期待値を求めよ。

金額	100円	70円	10円	計
確率				1

基本事項 期待値

x が x_1, x_2, x_3, ……, x_n のいずれかの値をとり，これらの値をとる確率がそれぞれ p_1, p_2, p_3, ……, p_n であるとき

$$x_1p_1+x_2p_2+x_3p_3+\cdots\cdots+x_np_n$$

の値を x の 期待値 という。
ただし $p_1+p_2+p_3+\cdots\cdots+p_n=1$

x の値	x_1	x_2	x_3	……	x_n	計
確率	p_1	p_2	p_3	……	p_n	1

◆ 期待値

51a 赤玉 2 個と白玉 3 個が入っている袋から 2 個の玉を同時に取り出す。このとき，赤玉が出る個数の期待値を求めよ。

51b 3 本の当たりくじを含む10本のくじがある。このくじを 2 本同時に引くとき，当たりくじの本数の期待値を求めよ。

◆ 有利不利の判断

52a 総数1000本のくじに，右のような賞金がついている。
このくじが 1 本30円で売られているとき，このくじを買うことは有利か。

賞金	本数
10000円	1 本
1000円	10本
100円	50本
はずれ	939本
計	1000本

52b 1 枚の硬貨を 2 回投げて，2 回とも表が出たら100円，2 回とも裏が出たら50円，その他の場合は10円もらえるゲームがある。このゲームに40円はらって参加することは有利か。

比例式の性質を確認しよう

例 18 平行線と線分の比

右の図において，PQ∥BC であるとき，x，y を求めよ。

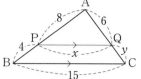

ポイント！

△APQ∽△ABC であることに着目して，等しい辺の比を読みとる。

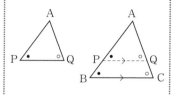

AP：AB＝PQ：BC
AP：PB＝AQ：QC

(解) AP：AB＝PQ：BC であるから

$8:(8+4)=x:15$

よって　$12x=120$

したがって　$x=10$

また，AP：PB＝AQ：QC であるから

$8:4=6:y$

よって　$8y=24$

したがって　$y=3$

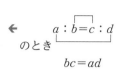
のとき
$a:b=c:d$
$bc=ad$

◆ 平行線と線分の比

53a 次の図において，PQ∥BC であるとき，x，y を求めよ。

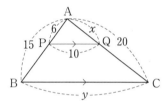

53b 次の図において，PQ∥BC であるとき，x，y を求めよ。

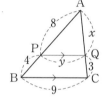

基本事項 平行線と線分の比

△ABC の辺 AB，AC 上またはその延長上にそれぞれ点P，Q があるとき，PQ∥BC ならば

① AP：AB＝AQ：AC

② AP：AB＝PQ：BC

③ AP：PB＝AQ：QC

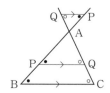

◆ 平行線と線分の比

54a 次の図において，PQ∥BC であるとき，x，y を求めよ。

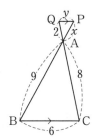

54b 次の図において，PQ∥BC であるとき，x，y を求めよ。

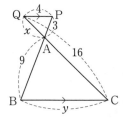

◆ 線分の内分と外分

55a 次の点を下の数直線に図示せよ。

(1) 線分 AB を 1：3 に内分する点P　　(2) 線分 AB を 2：3 に外分する点Q　　(3) 線分 AB の中点M

55b 次の点を下の数直線に図示せよ。

(1) 線分 AB を 2：1 に内分する点P　　(2) 線分 AB を 3：2 に外分する点Q　　(3) 線分 AB の中点M

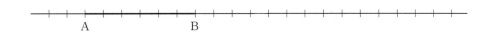

19 　三角形の角の二等分線と線分の比

例 19　角の二等分線と線分の比

右の図の △ABC において，AP が
∠A の二等分線，AQ が ∠A の外角
の二等分線であるとき，次の線分の
長さを求めよ。

(1)　BP　　　　　(2)　CQ

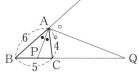

ポイント！

(1)　BP$=x$ とおくと PC$=5-x$
　　BP：PC$=$AB：AC に代入し
　　て x の値を求める。
(2)　CQ$=y$ とおくと BQ$=5+y$
　　BQ：QC$=$AB：AC に代入し
　　て y の値を求める。

解　(1)　BP$=x$ とすると，BP：PC$=$AB：AC であるから
$$x:(5-x)=6:4$$
　　　　よって　$6(5-x)=4x$
　　　　したがって　$x=3$　　　すなわち　**BP$=3$**

(2)　CQ$=y$ とすると，BQ：QC$=$AB：AC であるから
$$(5+y):y=6:4$$
　　　　よって　$6y=4(5+y)$
　　　　したがって　$y=10$　　　すなわち　**CQ$=10$**

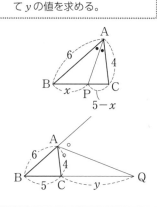

◆内角の二等分線と線分の比

56a　次の図の △ABC において，AP が
∠A の二等分線であるとき，x を求めよ。

(1)

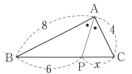

56b　次の図の △ABC において，BP が
∠B の二等分線であるとき，x を求めよ。

(1)

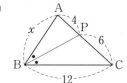

(2)

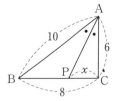

(2)

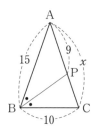

基本事項

(1)　**内角の二等分線と線分の比**
　　△ABC の ∠A の二等分線と辺 BC との交点を P とすると
$$BP：PC=AB：AC$$

(2)　**外角の二等分線と線分の比**
　　AB$\neq$AC である △ABC において，∠A の外角の二等分線と辺 BC の延長と
　　の交点を Q とすると
$$BQ：QC=AB：AC$$

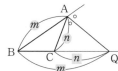

◆外角の二等分線と線分の比

57a 次の図の △ABC において，AQ が ∠A の外角の二等分線であるとき，x を求めよ。

(1)

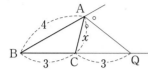

(2)

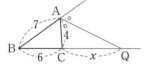

57b 次の図の △ABC において，AQ が ∠A の外角の二等分線であるとき，x を求めよ。

(1)

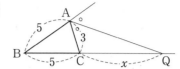

(2)

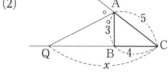

◆角の二等分線と線分の比

58a 次の図の △ABC において，AP が ∠A の二等分線，AQ が ∠A の外角の二等分線であるとき，線分 BP，CQ の長さを求めよ。

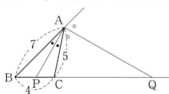

58b 次の図の △ABC において，AP が ∠A の二等分線，AQ が ∠A の外角の二等分線であるとき，線分 PC，BQ の長さを求めよ。

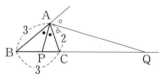

▶ p.68 補充問題 **8**

20 三角形の外心・内心

例 20 三角形の外心の性質

右の図の点Oは △ABC の外心である。
x を求めよ。

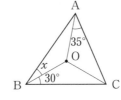

(解) 外心Oは，△ABC の頂点を通る円の
中心であるから

$$OA＝OB＝OC$$

これより，△OAB，△OBC，△OCA は二等辺三角形である。

二等辺三角形の底角は等しいから

$$\angle OAB＝\angle OBA＝x$$

$$\angle OCB＝\angle OBC＝30°$$

$$\angle OCA＝\angle OAC＝35°$$

△ABC の内角の和は 180° であるから

$$(x＋35°)＋(x＋30°)＋(30°＋35°)＝180°$$

整理すると　$2x＝50°$　よって　$\boldsymbol{x＝25°}$

← 点Oは，△ABC の外接円の中心である。

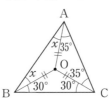

← $\angle A＋\angle B＋\angle C＝180°$

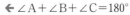

◆ 三角形の外心の性質

59a 次の図の点Oは △ABC の外心である。
x を求めよ。

(1)

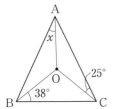

59b 次の図の点Oは △ABC の外心である。
x を求めよ。

(1)

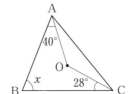

(2)

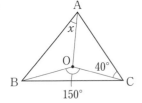

(2)

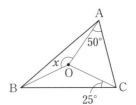

**基本
事項**

(1) 三角形の外心

(2) 三角形の内心

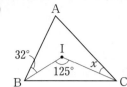

◆三角形の内心の性質

60a 次の図の点 I は △ABC の内心である。
x を求めよ。

(1)

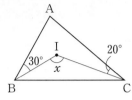

(2)

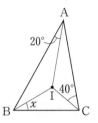

(3)

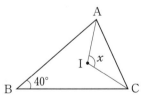

60b 次の図の点 I は △ABC の内心である。
x を求めよ。

(1)

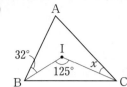

(2)

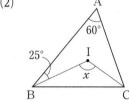

(3)

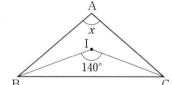

3章 … 図形の性質

41

21 三角形の重心

例 21 線分の長さ

右の図において，線分 AD，PQ は
△ABC の重心 G を通り，PQ∥BC
である。x，y を求めよ。

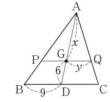

> **ポイント!**
> 点Gが重心であることと，平行
> 線と線分の比の関係を利用する。

(解) 点Gは △ABC の重心であるから

$$AG:GD=2:1$$

よって　$x:6=2:1$

したがって　$x=12$

また，点Dは辺 BC の中点であるから　DC=9　　←BD=DC

GQ∥DC であるから　AG:AD=GQ:DC　　←平行線と線分の比の関係

AG:AD=2:3 であるから　GQ:DC=2:3

よって　$y:9=2:3$　　　$3y=18$

したがって　$y=6$

◆重心

61a 次の図において，点Gは △ABC の重
心である。x，y を求めよ。

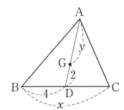

61b 次の図において，点Gは △ABC の重
心である。x，y を求めよ。

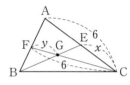

> **基本**
> **事項**
> 三角形の重心
> ① 三角形の3本の中線は1点で交わる。この点を重心という。
> ② 重心は，3本の中線をそれぞれ 2:1 に内分する。

重心

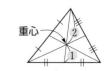

◆ 線分の長さ

62a 次の図において，線分 AD，PQ は
△ABC の重心 G を通り，PQ∥BC である。
次のものを求めよ。

(1) AG：AD

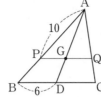

(2) AB の長さ

(3) PG の長さ

62b 次の図において，線分 AD，PQ は
△ABC の重心 G を通り，PQ∥BC である。
次のものを求めよ。

(1) AQ：QC

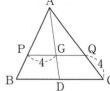

(2) AQ の長さ

(3) BC の長さ

例 22　円周角の定理とその逆

右の図において，点Oは円の中心である。
次の問いに答えよ。

(1)　x を求めよ。

(2)　4点O，A，B，Cは同一円周上にある
　　か。

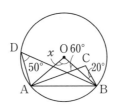

 ポイント!

(1)　弧 AB に対する円周角と
　　中心角を考える。

(2)　∠AOBと∠ACB が 等 し
　　いかどうかを調べる。

解　(1)　$x=2×50°=$**$100°$**

　　(2)　OB と AC の交点をPとすると

　　　　　∠CPB＝60°

　　　　△CPB において

　　　　　∠PCB＝180°－(60°＋20°)＝100°

　　　　よって　∠AOB＝∠ACB

　　したがって，円周角の定理の逆により，4点O，A，B，C
　　は同一円周上にある。

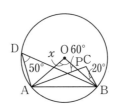

←弧 AB に対する円周角と中心
　角の関係

←∠CPB＝∠OPA（対頂角）

←(1)から　∠AOB＝100°

◆円周角の定理

63a　次の図において，点Oは円の中心であ
る。x，y を求めよ。

(1)

63b　次の図において，点Oは円の中心であ
る。x，y を求めよ。

(1)

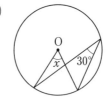

(2)

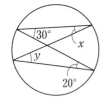

(2)

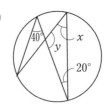

基本事項

(1)　円周角の定理

　①　1つの弧に対する円
　　周角の大きさは，そ
　　の弧に対する中心角
　　の半分である。

　②　同じ弧に対する円周
　　角の大きさは等しい。

円周角

中心角

(2)　円周角の定理の逆

　2点C，Dが直線 AB に
　ついて同じ側にあるとき，
　∠ACB＝∠ADB ならば，
　4点A，B，C，Dは同
　一円周上にある。

◆円周角の定理

64a 次の図において，点Oは円の中心である。x，yを求めよ。

(1)

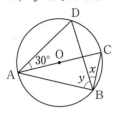

64b 次の図において，点Oは円の中心である。x，yを求めよ。

(1)

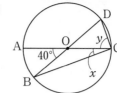

(2)

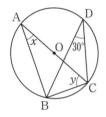

(2)

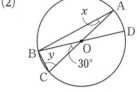

◆円周角の定理の逆

65a 次の図において，4点A，B，C，Dは同一円周上にあるか。

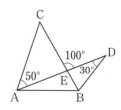

C 45°
70° E
A B 65° D

65b 次の図において，4点A，B，C，Dは同一円周上にあるか。

C
100° D
50° E 30°
A B

例 23 円に内接する四角形

右の図において，次の問いに答えよ。

(1) x，yを求めよ。

(2) 四角形 CEFD は円に内接する
　か。

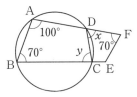

ポイント！

(2) 1つの内角が，その対角の
外角に等しいかどうかを調べ
る。

解 (1) 四角形 ABCD は円に内接しているから

$$x = \angle ABC = 70°$$

また，$y + 100° = 180°$ より

$$y = 180° - 100° = 80°$$

(2) 四角形 CEFD において，∠EFD ≒ y であるから，四角形
CEFD は円に内接しない。

← 内角は，その対角の外角に等し
い。

← 対角の和は 180° である。

← ∠EFD の対角の外角は
∠BCD である。

◆ 円に内接する四角形

66a 次の図において，x，y を求めよ。

(1)

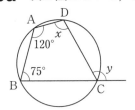

66b 次の図において，x，y を求めよ。

(1)

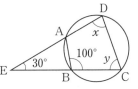

(2)

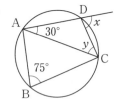

(2)

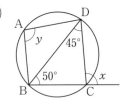

基本事項

(1) **円に内接する四角形**
四角形が円に内接するならば，
① 対角の和は 180° である。
② 内角は，その対角の外角に等しい。

(2) **四角形が円に内接する条件**
次のいずれかが成り立つとき，四角形は円に内接する。
① 1組の対角の和が 180° である。
② 1つの内角が，その対角の外角に等しい。

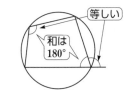

◆円に内接する四角形と円周角

67a 次の図において，点Oは円の中心である。x，yを求めよ。

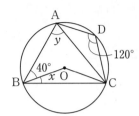

67b 次の図において，点Oは円の中心である。x，yを求めよ。

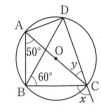

◆四角形が円に内接する条件

68a 次の四角形 ABCD は円に内接するか。

(1)

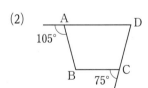

(2)

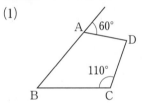

68b 次の四角形 ABCD は円に内接するか。

(1)

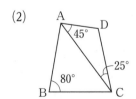

(2)

▶ p.68 補充問題 9

例 24 円の接線と弦の作る角

右の図において，直線 AT が点Aで円に接しているとき，x，y を求めよ。

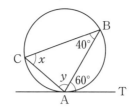

解 円の接線と弦の作る角の性質により
$$x = 60°$$
△ABC の内角の和は 180° であるから
$$y = 180° - (60° + 40°) = 80°$$

ポイント!
接線と弦の作る角（∠BAT）内にある弧に対する円周角は ∠ACB

← $x + y + 40° = 180°$

◆ 円の接線の長さ

69a 次の図において，点 D，E，F は △ABC の各辺と内接円Oとの接点である。次の線分の長さを求めよ。

(1) BF

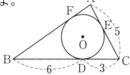

(2) AE

(3) AB

69b 次の図において，点 P，Q，R，S は円Oが四角形 ABCD の各辺と接するときの接点である。次の線分の長さを求めよ。

(1) AS

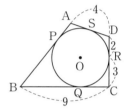

(2) BQ

(3) AB

基本事項

(1) **接線の長さ**
円外の点Pから，その円に引いた2本の接線の長さ PA，PB は等しい。
PA = PB

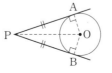

(2) **円の接線と弦の作る角の性質**
円の接線と接点を通る弦の作る角は，この角の内部にある弧に対する円周角に等しい。
∠BAT = ∠ACB

◆ 円の接線と弦の作る角の性質

70a 次の図において，直線 AT が点Aで円に接しているとき，x，yを求めよ。

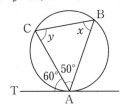

70b 次の図において，直線 AT が点Aで円に接しているとき，x，yを求めよ。

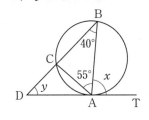

◆ 円の接線と弦の作る角の性質

71a 次の図において，x，yを求めよ。ただし，(1)で直線 AT は点Aで円に接している。また，(2)で直線 PA，PB はそれぞれ点A，Bで円Oに接している。

(1)

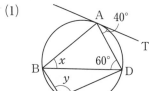

71b 次の図において，x，yを求めよ。ただし，直線 AT は点Aで円に接している。また，(1)で点Oは円の中心，(2)で AB＝DB とする。

(1)

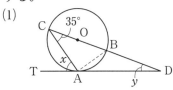

(2)

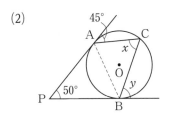

(2)

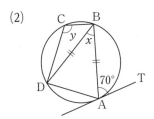

▶ p.68 補充問題 ⑩

25 方べきの定理

例 25 **方べきの定理**

次の図において，x を求めよ。

(1)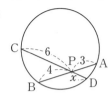

(2)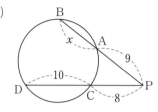

> **ポイント！**
>
> 方べきの定理
> $$PA \cdot PB = PC \cdot PD$$
> は，点Pが円の内部でも外部でも成り立つ。

解 (1) 方べきの定理により，$PA \cdot PB = PC \cdot PD$ であるから
$$3 \cdot 4 = 6 \cdot x$$
よって $x = 2$

(2) 方べきの定理により，$PA \cdot PB = PC \cdot PD$ であるから
$$9(9 + x) = 8(8 + 10)$$
$$9 + x = 16$$
よって $x = 7$

← $9(9 + x) = 8 \cdot 18$ の両辺を 9 で割る。

◆ 点Pが円の内部の場合

72a 次の図において，x を求めよ。

(1)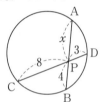

72b 次の図において，x を求めよ。ただし，(2)で $PA = PB$ とする。

(1)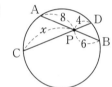

(2)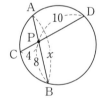

(2)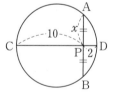

基本事項 **方べきの定理**

① 点Pを通る2つの直線が，円と点A，BおよびC，Dで交わるとき
$$PA \cdot PB = PC \cdot PD$$

 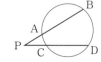

② 円の弦 AB の延長上の点Pから，この円に引いた接線の接点をTとするとき
$$PA \cdot PB = PT^2$$

◆点Pが円の外部の場合

73a 次の図において，xを求めよ。

(1)
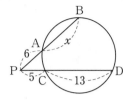

(2)
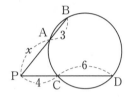

73b 次の図において，xを求めよ。

(1)
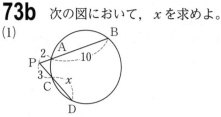

(2)
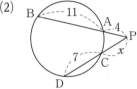

◆直線の1つが接線の場合

74a 次の図において，直線PTが点Tで円に接しているとき，xを求めよ。

(1)
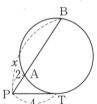

(2)
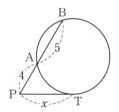

74b 次の図において，直線PTが点Tで円に接しているとき，xを求めよ。

(1)
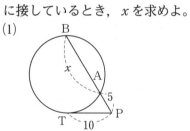

(2)
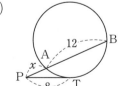

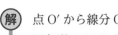
例 26 共通接線

右の図において，2つの円O，O′は外接し，直線ABは2つの
円O，O′の共通接線で，A，Bは接点である。線分ABの長さ
を求めよ。

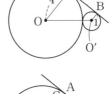

(解) 点O′から線分OAに垂線O′Cを引くと，
四角形ACO′Bは長方形である。

$$OC=4-1=3, \quad OO'=4+1=5$$

であるから，△OO′Cにおいて，
三平方の定理により　　$3^2+O'C^2=5^2$
よって　　$AB=O'C=\sqrt{5^2-3^2}=\sqrt{16}=4$

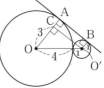

◆ **2つの円の位置関係**

75a 半径7の円Oと半径5の円O′におい
て，中心間の距離をdとする。OとO′の位置
関係が次のようになるとき，dの値，または
dの値の範囲を求めよ。

(1) 外接する。

(2) 2点で交わる。

(3) 一方が他方を含む。

75b 半径4の円Oと半径9の円O′におい
て，中心間の距離をdとする。OとO′の位置
関係が次のようになるとき，dの値，または
dの値の範囲を求めよ。

(1) 内接する。

(2) 離れている。

(3) 2点で交わる。

基本事項 2つの円の位置関係

2つの円O，O′の半径をそれぞれr，r'（$r>r'$）とし，中心間の距離をdとすると，2つの円の位置関係には，次
の5つの場合がある。

① 離れている	② 外接する	③ 2点で交わる	④ 内接する	⑤ 一方が他方を含む
$d>r+r'$	$d=r+r'$	$r-r'<d<r+r'$	$d=r-r'$	$d<r-r'$

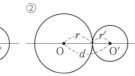
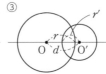

◆ 共通接線

76a 次の図において，直線 AB は 2 つの円
O，O′ の共通接線で，A，B は接点である。
線分 AB の長さを求めよ。

(1)

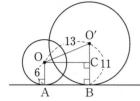

76b 次の図において，直線 AB は 2 つの
円 O，O′ の共通接線で，A，B は接点である。
線分 AB の長さを求めよ。ただし，(1)で円 O，
O′ は外接している。

(1)

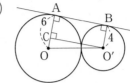

(2)

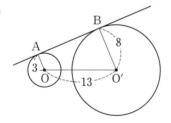

(2)

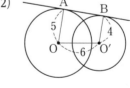

例 27 直線や平面のなす角

立方体 ABCD-EFGH において，次の
ものを求めよ。

(1) 直線 AB と直線 EH のなす角

(2) 平面 EFGH と平面 AFGD のなす角

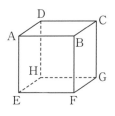

解 (1) 直線 EH を平行移動すると，直線 AD に重なるから，2直
線 AB と EH のなす角は　**90°**

(2) 直線 FE，FA は，それぞれ平面 EFGH，平面 AFGD 上に
あり，ともに2平面の交線 FG に垂直である。
2直線 FE，FA のなす角は 45° であるから，平面 EFGH
と 平面 AFGD のなす角は　**45°**

◆ 2直線のなす角

77a 立方体 ABCD-EFGH において，次
の2直線のなす角を求め
よ。

(1) BF と EH

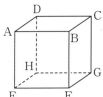

77b 右の図の三角柱
ABC-DEF において，次
の2直線のなす角を求めよ。

(1) AB と EF

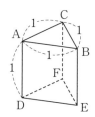

(2) AF と DH

(2) AB と CF

(3) BD と EG

(3) AE と CF

78a 立方体 ABCD-EFGH において，次の
2 平面のなす角を求めよ。

(1) 平面 AEHD と平面 DHGC

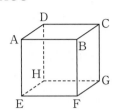

78b 右の図の直方体
ABCD-EFGH において，
次の 2 平面のなす角を求め
よ。

(1) 平面 ACGE と平面 BFGC

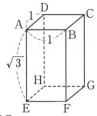

(2) 平面 AEFB と平面 BFHD

(2) 平面 CDHG と平面 EFCD

28 倍数の判定

例 28 倍数の判定

次の整数について，3 の倍数，4 の倍数，5 の倍数であるかどう
か判定せよ。

(1) 528 (2) 820

ポイント！

各位の数の和，下 2 桁の数，一
の位の数から，それぞれ判定す
る。

解 (1) 528の各位の数の和15は 3 の倍数であるから，528は **3 の倍数**   ← 5＋2＋8＝15＝3×5
である。

528の下 2 桁28は 4 の倍数であるから，528は **4 の倍数**である。   ← 28＝4×7

528の一の位の数は 0 でも 5 でもないから，528は **5 の倍数で
はない**。

(2) 820の各位の数の和10は 3 の倍数ではないから，820は **3 の倍**   ← 8＋2＋0＝10
数ではない。

820の下 2 桁20は 4 の倍数であるから，820は **4 の倍数**である。   ← 20＝4×5

820の一の位の数は 0 であるから，820は **5 の倍数**である。

◆ 2 の倍数，5 の倍数の判定

79a 次の数のうち，2 の倍数を選べ。また，
5 の倍数を選べ。

① 211 ② 326 ③ 475

79b 次の数のうち，2 の倍数を選べ。また，
5 の倍数を選べ。

① 95 ② 194 ③ 1300

基本事項 倍数の判定

① 2 の倍数……一の位の数が 0 または偶数

② 5 の倍数……一の位の数が 0 または 5

③ 4 の倍数……下 2 桁が 4 の倍数

④ 3 の倍数……各位の数の和が 3 の倍数

⑤ 9 の倍数……各位の数の和が 9 の倍数

◆ 4 の倍数の判定

80a 次の数のうち，4 の倍数を選べ。

 ① 172 ② 475 ③ 5900

80b 次の数のうち，4 の倍数を選べ。

 ① 592 ② 730 ③ 1325

◆ 3 の倍数，9 の倍数の判定

81a 次の数のうち，3 の倍数を選べ。また，9 の倍数を選べ。

 ① 195 ② 378 ③ 1279

81b 次の数のうち，3 の倍数を選べ。また，9 の倍数を選べ。

 ① 240 ② 794 ③ 6759

◆ 3 の倍数，9 の倍数の判定の利用

82a 5 桁の整数 $\square$ 5131 が 9 の倍数であるとき，$\square$ に入る数字をすべて求めよ。

82b 5 桁の整数 $\square$ 2644 が 3 の倍数であるとき，$\square$ に入る数字をすべて求めよ。

▶ p.69 補充問題 ⑪

29 ユークリッドの互除法

例 29 最大公約数

次の問いに答えよ。

(1) 72と90の最大公約数を求めよ。

(2) ユークリッドの互除法を利用して，126と819の最大公約数を求めよ。

(3) $\dfrac{126}{819}$ を既約分数で表せ。

ポイント！

(1) 素因数分解をして，共通する素因数の積を求める。

(3) (2)を利用して，分母と分子の最大公約数で約分する。

解

(1) $72=2^3\times3^2$, $90=2\times3^2\times5$

よって，求める最大公約数は $2\times3^2=\textbf{18}$

← 簡単に素因数分解できるときは，素因数分解を利用する。

(2) $819=126\times6+63$

$126=63\times2$

よって，126と819の最大公約数は**63**.

$$\begin{array}{r} 2 \\ 63\overline{)126} \\ 126 \\ \hline 0 \end{array} \qquad \begin{array}{r} 6 \\ \overline{)819} \\ 756 \\ \hline 63 \end{array}$$

(3) $\dfrac{126}{819}=\dfrac{63\times2}{63\times13}=\dfrac{\textbf{2}}{\textbf{13}}$

← 分母や分子が大きい数の分数を約分するときには，ユークリッドの互除法を利用するとよい。

◆ 最大公約数

83a 次の2つの数の最大公約数を求めよ。

(1) 36, 84

(2) 90, 135

83b 次の2つの数の最大公約数を求めよ。

(1) 84, 126

(2) 120, 144

基本事項

(1) **互いに素** 2つの自然数 a, b の最大公約数が1であるとき，a と b は互いに素であるという。

(2) **既約分数** 分母，分子が互いに素である分数を既約分数という。

(3) **ユークリッドの互除法**

次の定理を利用して，最大公約数を求める方法をユークリッドの互除法という。

〔定理〕 2つの自然数 a, b について，$a>b$ とする。 a を b で割ったときの商を q，余りを r とすると，

① $r\neq0$ のとき，a と b の最大公約数は，b と r の最大公約数に等しい。

② $r=0$ のとき，a と b の最大公約数は b である。

◆ ユークリッドの互除法

84a ユークリッドの互除法を利用して，156と816の最大公約数を求めよ。

84b ユークリッドの互除法を利用して，209と671の最大公約数を求めよ。

◆ 既約分数

85a $\dfrac{135}{567}$ を既約分数で表せ。

85b $\dfrac{170}{391}$ を既約分数で表せ。

30　2元1次不定方程式

例30 不定方程式

次の不定方程式を解け。

(1)　$3x=4(y-1)$　　　(2)　$3x+8y=1$

ポイント！

(2)　$3x+8y=1$ の整数解を1つ求め，その解を利用して，$3p=8q$ の形に変形する。

(解) (1)　　　　　　$3x=4(y-1)$　　　　　　　　　　……①

とおく。3と4は互いに素であるから，x は4の倍数である。

よって，整数 k を用いて $x=4k$ と表される。

これを①に代入すると　$3\times4k=4(y-1)$　　よって　　$y-1=3k$

したがって，求める整数解は　　**$x=4k,\ y=3k+1$（kは整数）**

(2)　　　　　　$3x+8y=1$　　　　　　　　　　　　　　……①

とおき，①の整数解の1つを求めると　$x=3,\ y=-1$

よって　　　　$3\times3+8\times(-1)=1$　　　　　　　　……②

①-②から　$3(x-3)+8(y+1)=0$

すなわち　　$3(x-3)=8(-y-1)$　　　　　　　　……③　　← $-8(y+1)=8(-y-1)$

3と8は互いに素であるから，$x-3$ は8の倍数である。

よって，整数 k を用いて $x-3=8k$ と表される。

これを③に代入すると　$3\times8k=8(-y-1)$

よって　　　　$-y-1=3k$

したがって，求める整数解は

　　　　$x=8k+3,\ y=-3k-1$　（kは整数）

← 整数解の1つを $x=-5,\ y=2$ とすると，解は $x=8k-5$，$y=-3k+2$（kは整数）となる。

◆不定方程式

86a 次の不定方程式を解け。

(1)　$2x-3y=0$

86b 次の不定方程式を解け。

(1)　$5x+8y=0$

(2)　$2x=7(y+2)$

(2)　$3(x-1)-10y=0$

◆不定方程式

87a 次の不定方程式を解け。

(1) $7x - 2y = 1$

(2) $3x + 4y = 1$

87b 次の不定方程式を解け。

(1) $8x - 15y = 1$

(2) $5x + 2y = 1$

31 2進法

例 31 2進法

(1) 次の2進数を10進数で表せ。

    ① $1011_{(2)}$ ② $0.0111_{(2)}$

(2) 10進数の21を2進数で表せ。

解

(1) ① $1011_{(2)} = 1 \times 2^3 + 0 \times 2^2 + 1 \times 2^1 + 1$

                    $= 8 + 0 + 2 + 1 = \mathbf{11}$

② $0.0111_{(2)} = 0 \times \dfrac{1}{2} + 1 \times \dfrac{1}{2^2} + 1 \times \dfrac{1}{2^3} + 1 \times \dfrac{1}{2^4}$

                    $= 0 + \dfrac{1}{4} + \dfrac{1}{8} + \dfrac{1}{16} = \dfrac{7}{16} = \mathbf{0.4375}$

(2) 右の計算から

    $21 = \mathbf{10101_{(2)}}$

```
2)21
2)10  1
2) 5  0
2) 2  1
2) 1  0
   0  1
```

←21を商が0になるまでくり返し
2で割り，出てきた余りを下か
ら並べる。

ポイント！

(1) 2進数 $a_4 a_3 a_2 a_1$ は
$$a_4 \times 2^3 + a_3 \times 2^2 + a_2 \times 2^1 + a_1$$
を意味している。

   2進法の小数 $0.b_1 b_2 b_3 b_4$ は
$$b_1 \times \frac{1}{2} + b_2 \times \frac{1}{2^2} + b_3 \times \frac{1}{2^3} + b_4 \times \frac{1}{2^4}$$
を意味している。

◆ 2進数を10進数で表す

88a 次の2進数を10進数で表せ。

(1) $111_{(2)}$

(2) $1100_{(2)}$

88b 次の2進数を10進数で表せ。

(1) $1010_{(2)}$

(2) $11101_{(2)}$

基本事項

(1) n 桁の2進数 $a_n a_{n-1} \cdots\cdots a_3 a_2 a_1$ は
$$a_n \times 2^{n-1} + a_{n-1} \times 2^{n-2} + \cdots\cdots + a_3 \times 2^2 + a_2 \times 2^1 + a_1$$
を意味している。ただし $a_n \neq 0$

(2) 2進法で表された小数 $0.b_1 b_2 b_3 \cdots\cdots b_{n-1} b_n$ は
$$b_1 \times \frac{1}{2^1} + b_2 \times \frac{1}{2^2} + b_3 \times \frac{1}{2^3} + \cdots\cdots + b_{n-1} \times \frac{1}{2^{n-1}} + b_n \times \frac{1}{2^n}$$
を意味している。ただし $b_n \neq 0$

◆ 10進数を 2 進数で表す

89a 次の10進数を 2 進数で表せ。

(1) 18

(2) 47

89b 次の10進数を 2 進数で表せ。

(1) 32

(2) 89

◆ 2 進法の小数を10進法の小数で表す

90a 次の 2 進法の小数を10進法の小数で表せ。

(1) $0.101_{(2)}$

(2) $1.0111_{(2)}$

90b 次の 2 進法の小数を10進法の小数で表せ。

(1) $0.0101_{(2)}$

(2) $1.1001_{(2)}$

▶ p.69 補充問題 **12**

1 〈集合の要素の個数〉次の問いに答えよ。 ▶ p.4 例 2

(1) 次の集合の要素の個数を求めよ。

① $A=\{x\,|\,x$ は28の正の約数$\}$　　② $B=\{x\,|\,x$ は15以下の正の偶数$\}$

③ 40以下の自然数のうちの 3 の倍数の集合 C　　④ 200以下の自然数のうちの 8 の倍数の集合 D

(2) 30以下の自然数のうち，4 で割り切れない数は何個あるか。

(3) 100以下の自然数のうち，3 の倍数または 7 の倍数は何個あるか。

2 〈${}_n\mathrm{P}_r$ の計算，階乗の計算〉次の値を求めよ。　▶ p.10 例 **5**(1)

(1)　${}_3\mathrm{P}_2$

(2)　${}_7\mathrm{P}_4$

(3)　${}_{10}\mathrm{P}_1$

(4)　${}_2\mathrm{P}_2$

(5)　${}_5\mathrm{P}_3 \times {}_6\mathrm{P}_2$

(6)　$7!$

(7)　$4! \times 2!$

(8)　$\dfrac{9!}{6!}$

3 〈順列〉次の方法は何通りあるか。　▶ p.10 例 **5**(2)

(1)　8 人の中から 3 人を選んで 1 列に並べる。

(2)　A，B，C，D，E の 5 文字全部を 1 列に並べる。

4 〈$_nC_r$ の計算〉次の値を求めよ。 ▶ p.16 例 **8(1)**

(1) $_{10}C_3$

(2) $_{11}C_2$

(3) $_7C_1$

(4) $_8C_8$

(5) $_{16}C_{13}$

(6) $_{50}C_{49}$

(7) $_7C_2 \times _3C_2$

(8) $\dfrac{_5C_1}{_8C_2}$

5 〈組合せ〉次の方法は何通りあるか。 ▶ p.16 例 **8(2)**

(1) 異なる 9 個の文字から 4 個の文字を選ぶ。

(2) 14人の中から11人の選手を選ぶ。

6 〈事象の確率〉次の確率を求めよ。　▶ p.22 例 11

(1)　6本の当たりくじを含む20本のくじから1本引くとき，当たる確率

(2)　1から30までの番号が書かれた30枚のカードから1枚を引くとき，番号が5の倍数となる確率

(3)　大，小2個のさいころを同時に投げるとき，2個とも偶数の目が出る確率

7 〈組合せや順列を利用する確率〉次の確率を求めよ。　▶ p.24 例 12

(1)　5本の当たりくじを含む20本のくじがある。この中から同時に2本引くとき，2本とも当たる確率

(2)　1から9までの番号が書かれた9枚のカードから，同時に4枚引くとき，偶数と奇数が2枚ずつとなる確率

(3)　赤玉3個と白玉5個が入っている袋から，同時に3個取り出すとき，赤玉1個，白玉2個である確率

8 〈角の二等分線と線分の比〉右の図の △ABC において，AP が ∠A の二等分線，AQ が ∠A の外角の二等分線であるとき，次の線分の長さを求めよ。 ▶ p.38 例 **19**

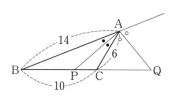

(1) BP　　　　　　　　　　　　　(2) CQ

9 〈円に内接する四角形〉次の図において，点Oは円の中心である。x，y を求めよ。

▶ p.46 例 **23**(1)

(1)

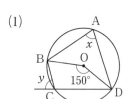

(2)

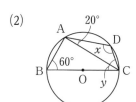

10 〈円の接線と弦の作る角の性質〉次の図において，直線 AT が点Aで円に接しているとき，x，y を求めよ。ただし，(2)で点Oは円の中心とする。 ▶ p.48 例 **24**

(1)

(2)

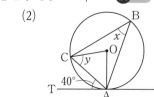

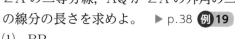

11 〈倍数の判定〉次の整数について，3の倍数，4の倍数，9の倍数であるかどうか判定せよ。

▶ p.56 例 28

(1) 186

(2) 720

(3) 4294

(4) 9168

補充問題

12 〈2進法〉次の問いに答えよ。 ▶ p.62 例 31

(1) 次の2進数を10進数で表せ。

① $11011_{(2)}$

② $101110_{(2)}$

(2) 次の10進数を2進数で表せ。

① 51

② 110

解 答

1a (1) $A=\{2,\ 4,\ 6,\ 8\}$
(2) $B=\{6,\ 12,\ 18,\ 24,\ 30\}$

1b (1) $A=\{1,\ 2,\ 3,\ 6,\ 9,\ 18\}$
(2) $B=\{-4,\ 4\}$

2a $P\subset A,\ Q\subset A$

2b $Q\subset A$

3a (1) $A\cap B=\{3,\ 4\}$,
$A\cup B=\{1,\ 2,\ 3,\ 4,\ 5,\ 7\}$
(2) $A\cap B=\{1,\ 3\}$,
$A\cup B=\{1,\ 2,\ 3,\ 4,\ 5,\ 6,\ 7,\ 9,\ 12\}$

3b (1) $A\cap B=\varnothing$,
$A\cup B=\{2,\ 3,\ 4,\ 6,\ 8,\ 10,\ 12,\ 15\}$
(2) $A\cap B=\{1,\ 2,\ 4\}$,
$A\cup B=\{1,\ 2,\ 4,\ 5,\ 7,\ 10,\ 14,\ 20,\ 28\}$

4a (1) $\overline{A}=\{3,\ 5,\ 6,\ 9\}$
(2) $\overline{B}=\{2,\ 5,\ 6,\ 8,\ 9\}$
(3) $\overline{A\cap B}=\{2,\ 3,\ 5,\ 6,\ 8,\ 9\}$

4b (1) $\overline{A}=\{1,\ 3,\ 5,\ 7,\ 9\}$
(2) $\overline{B}=\{1,\ 2,\ 4,\ 5,\ 7,\ 8,\ 10\}$
(3) $\overline{A\cup B}=\{1,\ 5,\ 7\}$

5a (1) 7　　(2) 25

5b (1) 10　　(2) 16

6a 14

6b 19

7a 5個

7b 42個

8a (1) 2個　　(2) 32個

8b (1) 16個　　(2) 67個

9a 15通り

9b 12通り

10a (1) 8通り　(2) 6通り　(3) 6通り

10b (1) 7通り　(2) 3通り　(3) 9通り

11a (1) 24通り　　(2) 12通り

11b (1) 15通り　　(2) 36通り

12a 24通り

12b 27通り

13a (1) 8個　　(2) 10個

13b (1) 8個　　(2) 16個

14a (1) 24　(2) 72　(3) 12　(4) 120

14b (1) 360　(2) 720　(3) 6　(4) 168

15a 990通り

15b 840通り

16a (1) 240　　(2) 20

16b (1) 144　　(2) $\dfrac{1}{56}$

17a 120通り

17b 720通り

18a (1) 120個　(2) 48個　(3) 24個

18b (1) 210個　(2) 120個　(3) 30個

19a (1) 240通り　　(2) 48通り

19b (1) 1440通り　　(2) 2400通り

20a (1) 81個　　(2) 216通り

20b (1) 32通り　　(2) 243通り

21a 64通り

21b 243通り

22a (1) 720通り　　(2) 5040通り

22b (1) 40320通り　　(2) 6通り

23a (1) 45　　(2) 70
(3) 5　　(4) 60

23b (1) 220　　(2) 126
(3) 1　　(4) $\dfrac{5}{12}$

24a (1) 56　(2) 66　(3) 100

24b (1) 55　(2) 15　(3) 1

25a (1) 120通り　　(2) 792通り

25b (1) 21通り　　(2) 15試合

26a 56個

26b 210個

27a 2520通り

27b 120通り

28a 60通り

28b 100通り

29a (1) 20通り　　(2) 10通り

29b (1) 2520通り　　(2) 105通り

30a (1) 35個　　(2) 756個

30b (1) 60個　　(2) 3150通り

31a (1) 70通り　(2) 4通り　(3) 16通り

31b (1) 126通り　(2) 20通り　(3) 60通り

32a (1) $U=\{$(H, H, H), (H, H, T),
(H, T, H), (H, T, T),
(T, H, H), (T, H, T),
(T, T, H), (T, T, T)$\}$
(2) $A=\{$(H, H, T), (H, T, H),
(T, H, H)$\}$

32b (1) $A=\{$(グ, チ, チ), (チ, パ, パ),
(パ, グ, グ)$\}$
(2) $B=\{$(グ, グ, グ), (チ, チ, チ),
(パ, パ, パ), (グ, チ, パ),
(グ, パ, チ), (チ, グ, パ),
(チ, パ, グ), (パ, グ, チ),
(パ, チ, グ)$\}$

33a $\dfrac{4}{7}$

33b $\dfrac{1}{2}$

34a (1) $\dfrac{1}{9}$　　(2) $\dfrac{4}{9}$

34b (1) $\dfrac{1}{9}$　　(2) $\dfrac{1}{6}$

35a $\dfrac{4}{35}$

35b $\dfrac{14}{55}$

36a $\dfrac{10}{21}$

36b $\dfrac{18}{35}$

37a $\dfrac{1}{3}$

37b $\dfrac{3}{10}$

38a AとB, BとC

38b BとC

39a $\dfrac{3}{7}$

39b $\dfrac{13}{28}$

40a $\dfrac{9}{20}$

40b $\dfrac{2}{5}$

41a (1) 「 同じ目 が出る」
　　(2) 「少なくとも 1枚は表 が出る」

41b (1) 「目の積が 奇数 である」
　　(2) 「 2本とも はずれる」

42a $\dfrac{3}{4}$

42b $\dfrac{21}{25}$

43a (1) $\dfrac{3}{4}$　　(2) $\dfrac{5}{7}$

43b (1) $\dfrac{7}{8}$　　(2) $\dfrac{41}{55}$

44a $\dfrac{1}{2}$

44b $\dfrac{7}{20}$

45a $\dfrac{5}{324}$

45b $\dfrac{15}{64}$

46a $\dfrac{112}{243}$

46b $\dfrac{16}{27}$

47a (1) $\dfrac{1}{3}$　　(2) $\dfrac{1}{3}$

47b (1) $\dfrac{3}{10}$　　(2) $\dfrac{1}{2}$

48a $\dfrac{2}{5}$

48b $\dfrac{9}{44}$

49a (1) $\dfrac{2}{5}$　　(2) $\dfrac{2}{5}$

49b (1) $\dfrac{3}{10}$　　(2) $\dfrac{7}{15}$

50a 725円

50b 45円

51a $\dfrac{4}{5}$ 個

51b $\dfrac{3}{5}$ 本

52a 不利である。

52b 有利である。

53a $x=8$, $y=25$

53b $x=6$, $y=6$

54a $x=\dfrac{9}{4}$, $y=\dfrac{3}{2}$

54b $x=4$, $y=12$

55a

55b

56a (1) $x=3$　　(2) $x=3$

56b (1) $x=8$　　(2) $x=15$

57a (1) $x=2$　　(2) $x=8$

57b (1) $x=\dfrac{15}{2}$　　(2) $x=10$

58a $BP=\dfrac{7}{3}$, $CQ=10$

58b $PC=\dfrac{6}{5}$, $BQ=9$

59a (1) $x=27°$　　(2) $x=35°$

59b (1) $x=68°$　　(2) $x=150°$

60a (1) $x=130°$　(2) $x=30°$　(3) $x=110°$

60b (1) $x=23°$　(2) $x=120°$　(3) $x=100°$

61a $x=8$, $y=4$

61b $x=3$, $y=2$

62a (1) $AG:AD=2:3$　(2) $AB=15$
　　(3) $PG=4$

62b (1) $AQ:QC=2:1$　(2) $AQ=8$
　　(3) $BC=12$

63a (1) $x=60°$　　(2) $x=20°$, $y=30°$

63b (1) $x=60°$　　(2) $x=40°$, $y=120°$

64a	(1) $x=30°$, $y=60°$	(2) $x=30°$, $y=60°$	
64b	(1) $x=20°$, $y=70°$	(2) $x=15°$, $y=75°$	
65a	同一円周上にある。		
65b	同一円周上にない。		
66a	(1) $x=105°$, $y=120°$	(2) $x=75°$, $y=45°$	
66b	(1) $x=80°$, $y=70°$	(2) $x=95°$, $y=95°$	
67a	$x=20°$, $y=70°$		
67b	$x=110°$, $y=30°$		
68a	(1) 円に内接する。	(2) 円に内接する。	
68b	(1) 円に内接しない。	(2) 円に内接しない。	
69a	(1) 6	(2) 2	(3) 8
69b	(1) 2	(2) 6	(3) 8
70a	$x=60°$, $y=70°$		
70b	$x=85°$, $y=45°$		
71a	(1) $x=40°$, $y=100°$	(2) $x=65°$, $y=70°$	
71b	(1) $x=55°$, $y=20°$	(2) $x=40°$, $y=110°$	
72a	(1) $x=6$	(2) $x=13$	
72b	(1) $x=12$	(2) $x=2\sqrt{5}$	
73a	(1) $x=9$	(2) $x=5$	
73b	(1) $x=5$	(2) $x=5$	
74a	(1) $x=8$	(2) $x=6$	
74b	(1) $x=15$	(2) $x=4$	
75a	(1) $d=12$	(2) $2<d<12$	
	(3) $d<2$		
75b	(1) $d=5$	(2) $d>13$	(3) $5<d<13$
76a	(1) 12	(2) 12	
76b	(1) $4\sqrt{6}$	(2) $\sqrt{35}$	
77a	(1) $90°$	(2) $45°$	(3) $90°$
77b	(1) $60°$	(2) $90°$	(3) $45°$
78a	(1) $90°$	(2) $45°$	
78b	(1) $45°$	(2) $30°$	
79a	2の倍数は ②	5の倍数は ③	
79b	2の倍数は ②, ③	5の倍数は ①, ③	
80a	①, ③		
80b	①		
81a	3の倍数は ①, ②	9の倍数は ②	
81b	3の倍数は ①, ③	9の倍数は ③	
82a	8		
82b	2, 5, 8		
83a	(1) 12	(2) 45	
83b	(1) 42	(2) 24	
84a	12		
84b	11		
85a	$\dfrac{5}{21}$		
85b	$\dfrac{10}{23}$		
86a	(1) $x=3k$, $y=2k$ （kは整数）		
	(2) $x=7k$, $y=2k-2$ （kは整数）		
86b	(1) $x=8k$, $y=-5k$ （kは整数）		

	(2) $x=10k+1$, $y=3k$ （kは整数）			
87a	(1) $x=2k+1$, $y=7k+3$ （kは整数）			
	(2) $x=4k-1$, $y=-3k+1$ （kは整数）			
87b	(1) $x=15k+2$, $y=8k+1$ （kは整数）			
	(2) $x=2k+1$, $y=-5k-2$ （kは整数）			
88a	(1) 7		(2) 12	
88b	(1) 10		(2) 29	
89a	(1) $10010_{(2)}$		(2) $101111_{(2)}$	
89b	(1) $100000_{(2)}$		(2) $1011001_{(2)}$	
90a	(1) 0.625		(2) 1.4375	
90b	(1) 0.3125		(2) 1.5625	

● 補充問題

1	(1) ① 6	② 7		③ 13		④ 25	
	(2) 23個			(3) 43個			
2	(1) 6	(2) 840		(3) 10		(4) 2	
	(5) 1800	(6) 5040		(7) 48		(8) 504	
3	(1) 336通り			(2) 120通り			
4	(1) 120	(2) 55		(3) 7		(4) 1	
	(5) 560	(6) 50		(7) 63		(8) $\dfrac{5}{28}$	
5	(1) 126通り			(2) 364通り			
6	(1) $\dfrac{3}{10}$		(2) $\dfrac{1}{5}$		(3) $\dfrac{1}{4}$		
7	(1) $\dfrac{1}{19}$		(2) $\dfrac{10}{21}$		(3) $\dfrac{15}{28}$		
8	(1) BP$=7$		(2) CQ$=\dfrac{15}{2}$				
9	(1) $x=75°$, $y=75°$		(2) $x=120°$, $y=70°$				
10	(1) $x=105°$, $y=45°$		(2) $x=40°$, $y=50°$				
11	(1) 3の倍数であり，4の倍数でなく，9の倍数 でない。						
	(2) 3の倍数であり，4の倍数であり，9の倍数 である。						
	(3) 3の倍数でなく，4の倍数でなく，9の倍数 でない。						
	(4) 3の倍数であり，4の倍数であり，9の倍数 でない。						
12	(1) ① 27			② 46			
	(2) ① $110011_{(2)}$			② $1101110_{(2)}$			

新課程版　ネオパル数学 A

2022年1月10日　初版　　第1刷発行

編　者　第一学習社編集部

発行者　松　本　洋　介

発行所　株式会社　第一学習社

東京：東京都千代田区二番町5番5号　〒102-0084　☎03-5276-2700
大阪：吹　田　市　広　芝　町　8　番　24　号　〒564-0052　☎06-6380-1391
広島：広島市西区横川新町7番14号　〒733-8521　☎082-234-6800

札　　幌☎011-811-1848　　仙台☎022-271-5313　　新潟☎025-290-6077
つくば☎029-853-1080　　東京☎03-5803-2131　　横浜☎045-953-6191
名古屋☎052-769-1339　　神戸☎078-937-0255　　広島☎082-222-8565
福　　岡☎092-771-1651

訂正情報配信サイト 26843-01
❶利用については，先生の指示にしたがってください。
❷利用に際しては，一般に，通信料が発生します。

https://dg-w.jp/f/b01c4

書籍コード　26843-01

＊落丁，乱丁本はおとりかえいたします。
　解答は個人のお求めには応じられません。

ISBN978-4-8040-2684-8
ホームページ　http://www.daiichi-g.co.jp/

中学校で学んだ基本事項

比例式

$$a : b = c : d$$
$$\Updownarrow$$
$$\frac{a}{b} = \frac{c}{d}$$

$$a : b = c : d$$
$$ad = bc$$

角と平行線

● 対頂角は等しい。

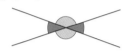

● 2つの直線が平行ならば，
　①同位角は等しい。　②錯角は等しい。

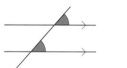 

三角形の内角と外角

● 三角形の内角の和は $180°$
● 三角形の外角は，その
　隣りにない2つの内角
　の和に等しい。

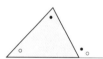

三角形の合同条件

● 3辺がそれぞれ等しい。

 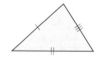

● 2辺とその間の角がそれぞれ等しい。

● 1辺とその両端の角がそれぞれ等しい。

 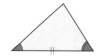

直角三角形の合同条件

● 斜辺と他の1辺がそれぞれ等しい。

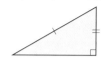 

● 斜辺と1つの鋭角がそれぞれ等しい。

三角形の相似条件

● 3組の辺の比がすべて等しい。
$$a : a' = b : b' = c : c'$$

 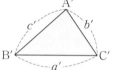

● 2組の辺の比とその間の角がそれぞれ等しい
$$a : a' = c : c'$$
$$\angle B = \angle B'$$

 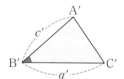

● 2組の角がそれぞれ等しい。
$$\angle B = \angle B'$$
$$\angle C = \angle C'$$

 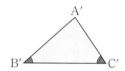

三平方の定理

● 直角三角形の直角をはさ
　む2辺の長さを a，b，
　斜辺の長さを c とすると
$$a^2 + b^2 = c^2$$